Jugamos y pensamos con los números

Segundo curso | Educación primaria

3

editorial LA CALESA

JUGAMOS Y PENSAMOS CON LOS NÚMEROS 3. Educación Primaria. Segundo Curso

Producción y realización: BOECILLO EDITORA MULTIMEDIA, S.A.
Ilustraciones: Felipe López Salán

C/ de las Callejas, s/n
47013 Valladolid - España
Tfno. 983 548 102 - Fax 983 548 024
editorial@lacalesa.es
www.lacalesa.es

ISBN: 84-8105-111-X
Depósito Legal: VA. 1057/2001

Aprendemos la centena. Presta mucha atención

1 centena

1 decena

1 unidad

10 unidades son 1 **decena**

10 decenas son 1 **centena**

1 centena tiene 100 **unidades**

Completa

3 decenas = ... unidades

3 centeras = ... unidades

40 unidades son = ... decenas

400 unidades son = ... decenas

7 centenas son = ... unidades

7 decenas son = ... unidades

Completa estas series

10, ______, ______, ______, 50, ______, ______, ______, 90

100, ______, ______, 400, 500, ______, ______, 800

Completa

200 = **100 + 100**

300 = 100 + 100 + ______

500 = 100 + 100 + 100 + ______ + ______

400 = 100 + 100 + ______ + 100

300 = 200 + ______

500 = 300 + ______

600 = 300 + ______

700 = ______ + 300

800 = ______ + 300

900 = ______ + 400

Completa

400 = **200 + 100 + 100**

500 = 200 + ______ + 100

700 = 300 + 100 + ______

800 = 300 + ______ + ______

900 = 200 + 200 + ______

600 = 200 + ______ + ______

300 = ______ + ______ + ______

500 = ______ + ______ + ______

900 = ______ + ______ + ______

700 = ______ + ______ + ______

Completa estas series

90, ..., ..., 60, ..., ..., 30, ..., 10

900, ..., ..., ..., 500, ..., ..., 200, ...

Completa estos ejercicios

200 + 140 = 300 + 40 = 340

300 + 290 = 500 + ... = 590

600 + 310 = 900 + ... = 910

500 + 260 = 700 + ... = ...

400 + 350 = 700 + ... = ...

700 + 180 = ... + 80 = 880

140 + 300 = 400 + 40 = 440

630 + 200 = 800 + ... = 830

570 + 300 = 800 + ... = ...

480 + 500 = ... + 80 = 980

710 + 200 = ... + 10 = ...

380 + 600 = ... + ... = ...

Observa. Vamos a ordenar

120, 230, 400, 250, 810, 380

*Los ordenamos de **menor** a **mayor** y les ponemos el signo correspondiente*

120 < 230 < 250 < 380 < 400 < 810

Ordena de **menor** a **mayor**

900, 430, 480, 520, 390, 700

390 < ____ < ____ < ____ < ____ < ____

840, 480, 690, 740, 510, 950

480 < ____ < ____ < ____ < ____ < ____

Ordena de **mayor** a **menor**

390, 740, 530, 780, 650, 990

990 > ____ > ____ > ____ > ____ > ____

840, 130, 450, 630, 680, 480

840 > ____ > ____ > ____ > ____ > ____

Completa

600 = 6 centenas = 60 decenas = 600 unidades

400 = ... centenas = ... decenas = ... unidades

700 = ... centenas = ... decenas = ... unidades

900 = ... centenas = ... decenas = ... unidades

300 = ... centenas = ... decenas = ... unidades

500 = ... centenas = ... decenas = ... unidades

200 = ... centenas = ... decenas = ... unidades

800 = ... centenas = ... decenas = ... unidades

100 = ... centena = ... decenas = ... unidades

Completa

5 centenas + 4 decenas + 0 unidades = 540

6 centenas + 6 decenas + 0 unidades = ...

8 centenas + 9 decenas + 0 unidades = ...

.... centenas + 5 decenas + 0 unidades = 650

.... centenas + ... decenas + 0 unidades = 740

9 centenas + ... decenas + 0 unidades = 950

Completa

234 = 2 centenas + 3 decenas + 4 unidades
365 = ... centenas + 6 decenas + ... unidades
783 = ... centenas + ... decenas + 3 unidades
999 = ... centenas + ... decenas + ... unidades
587 = ... centenas + ... decenas + ... unidades

4 centenas + 5 decenas + 1 unidad = 451
7 centenas + 8 decenas + 5 unidades = ...
9 centenas + 0 decenas + 3 unidades = ...
5 centenas + 5 decenas + 0 unidades = ...
7 centenas + 0 decenas + 0 unidades = ...

Completa lo que falta

740 = 74 decenas
800 = ... decenas
790 = ... decenas
340 = ... decenas
690 = ... decenas
900 = ... decenas

544 = 54 decenas + 4 unidades
663 = ... decenas + 3 unidades
905 = ... decenas + 5 unidades
749 = ... decenas + ... unidades
389 = ... decenas + ... unidades

Ordena estos números de **menor** a **mayor**

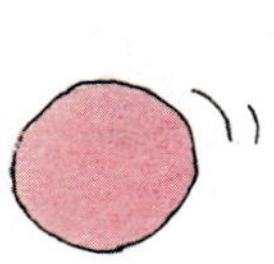

143, 705, 860, 865, 148, 715

___ < ___ < ___ < ___ < ___ < ___

645, 323, 450, 459, 516, 649

___ < ___ < ___ < ___ < ___ < ___

Ordena de **mayor** a **menor**

254, 717, 805, 816, 680, 643

___ > ___ > ___ > ___ > ___ > ___

345, 761, 765, 771, 348, 815

___ > ___ > ___ > ___ > ___ > ___

Descomponemos centenas

641 = 600 + 41

783 = 700 + 80 + 3

423 = 400 + ... + 3

516 = 500 + ... + 6

385 = ... + ... + 5

999 = ... + ... + ...

361 = 100 + 200 + ... + ...

732 = 400 + ... + 30 + ...

249 = ... + 40 + ...

Cálculo mental. Realiza estos ejercicios

20 + 5 = ...
30 + 5 = ...
40 + 5 = ...

60 + 10 = ...
50 + 10 = ...
40 + 10 = ...

70 + 10 = ...
80 − 10 = ...
90 + 10 = ...

300 + 300 = ...
400 + 200 = ...
200 + 400 = ...

200 + 200 = ...
200 + 300 = ...
300 + 200 = ...

100 + 100 = ...
100 + 200 = ...
200 + 100 = ...

400 + 400 = ...
500 + 400 = ...
500 + 300 = ...

600 + 100 = ...
400 + 100 = ...
300 + 100 = ...

800 + 100 = ...
700 + 100 = ...
500 + 100 = ...

60 + ... = 70
70 + ... = 80
100 + ... = 110

90 + ... = 100
80 + ... = 100
70 + ... = 100

50 + ... = 55
20 + ... = 25
30 + ... = 33

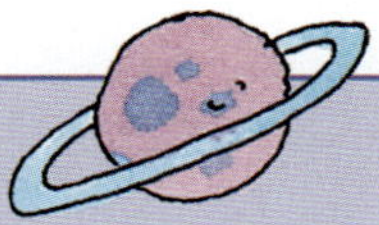

5 + ... + 1 = 9
3 + ... + 3 = 8
2 + ... + 6 = 9

4 + 2 + 3 = ...
...... + 3 + 3 = 9
...... + 2 + 5 = 9

4 + 3 + ... = 8
3 + 1 + ... = 7
6 + ... + 1 = 9

10 + 10 + 10 = ...
10 + ... + 10 = 40
20 + 10 + ... = 40

...... + 10 + 20 = 60
...... + 50 + 10 = 70
50 + ... + 10 = 90

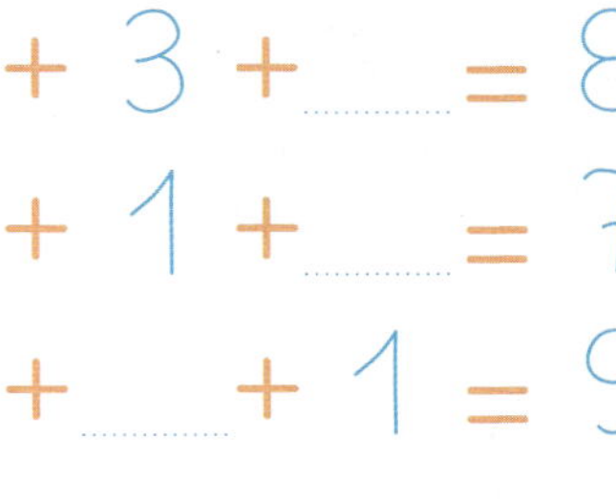

40 + 20 + ... = 70
30 + 30 + ... = 90
20 + 20 + ... = 60

Coloca las sumas y escribe el resultado

200 + 300 = 500

	Centenas	Decenas	Unidades
	2	0	0
+	3	0	0
	5	0	0

500 + 400 = 900

	Centenas	Decenas	Unidades
	5	0	0
+	4	0	0

300 + 100 + 500 = 900

	Centenas	Decenas	Unidades
	3	0	0
	1	0	0
+	5	0	0
	9	0	0

400 + 200 + 200 =

	Centenas	Decenas	Unidades
+			

100 + 60 + 200 =

	Centenas	Decenas	Unidades
+			

70 + 100 + 300 =

	Centenas	Decenas	Unidades
+			

243 + 253 =

	Centenas	Decenas	Unidades
+			

652 + 236 =

	Centenas	Decenas	Unidades
+			

231 + 122 + 33 = ...

Centenas	Decenas	Unidades
+		

34 + 131 + 513 = ...

Centenas	Decenas	Unidades
+		

44 + 21 + 524 = ...

Centenas	Decenas	Unidades
+		

421 + 301 + 245 = ...

Centenas	Decenas	Unidades
+		

Haz estas sumas

62	41	64	83
+12	+13	+14	+15
....	....	....	....

125	241	140	254	312
+123	+232	+110	+315	+254
....	....	....	....	....
641	410	360	148	810
+155	+410	+215	+620	+120
....	....	....	....	....

640	780	910	720	840	620
+250	+105	+ 50	+ 60	+ 50	+ 70
....	....	....	....	....	....

Mira estos ejercicios

70 + 58 = 70 + 0
50 + 8

70 + 50 + 0 + 8 = 120 + 8 = 128

120   8

80 + 64 = 80 + 0
60 + 4

80 + 60 + 0 + 4 = 140 + 4 = 144

Completta

60 + 75 = 60 + 0
70 + 5

60 + 70 + 0 + 5 = 130 + ... = ...

90 + 47 = 90 + 0
...... + ...

90 + ... + 0 + ... = ... + ... = ...

40 + 85 = ... + ...
...... + ...

...... + ... + ... + ... = ... + ... = ...

50 + 87 = ... + ...
...... + ...

...... + ... + ... + ... = ... + ... = ...

Haz estas sumas

40 + 62	60 + 73	80 + 84	90 + 95

30 + 76	10 + 95	20 + 94	30 + 93	40 + 96	50 + 91
40 + 67	40 + 78	64 + 54	75 + 72	76 + 61	84 + 73
92 + 47	95 + 94	96 + 83	81 + 97	87 + 91	64 + 65

20 + 89 = ...	60 + 56 = ...	70 + 58 = ...
20 + 99 = ...	60 + 78 = ...	80 + 93 = ...
30 + 79 = ...	60 + 99 = ...	80 + 85 = ...
30 + 86 = ...	70 + 36 = ...	80 + 65 = ...
60 + 45 = ...	70 + 47 = ...	90 + 68 = ...
50 + 36 = ...	50 + 72 = ...	50 + 27 = ...
40 + 78 = ...	40 + 93 = ...	40 + 69 = ...
80 + 77 = ...	60 + 19 = ...	90 + 33 = ...

Observa este ejercicio

82 + 47 = 80 + 2
40 + 7

80 + 40 + 2 + 7 = 120 + 9 = 129

120 9

Completa lo que falta

95 + 83 = 90 + 5
80 + 3

.... + ... + ... + 3 = ... + ... = ...

64 + 94 = 60 + 4
.... + ...

.... + ... + ... + ... = ... + ... = ...

83 + 86 = ... + ...
.... + ...

.... + ... + ... + ... = ... + ... = ...

77 + 62 = ... + ...
.... + ...

.... + ... + ... + ... = ... + ... = ...

54 + 79 = ... + ...
.... + ...

.... + ... + ... + ... = ... + ... = ...

Haz estas sumas

65 + 72 = ______	15 + 94 = ______
77 + 52 = ______	17 + 91 = ______
84 + 65 = ______	28 + 91 = ______
91 + 68 = ______	38 + 81 = ______
22 + 93 = ______	24 + 81 = ______
32 + 97 = ______	34 + 82 = ______
42 + 94 = ______	44 + 83 = ______
52 + 95 = ______	54 + 85 = ______
43 + 29 = ______	37 + 57 = ______
65 + 26 = ______	49 + 44 = ______
38 + 39 = ______	48 + 38 = ______
27 + 48 = ______	39 + 39 = ______
29 + 35 = ______	65 + 27 = ______
37 + 26 = ______	19 + 71 = ______
73 + 25 = ______	47 + 36 = ______
62 + 29 = ______	28 + 74 = ______

Otro tipo de suma. Mira este ejercicio

$$34 + 48 = 30 + 4$$
$$40 + 8$$
$$30 + 40 + 4 + 8 = 70 + 12 = 80 + 2 = 82$$
$$70 \quad 12$$

$$27 + 39 = 20 + 7$$
$$30 + 9$$
$$20 + 30 + 7 + 9 = 50 + 16 = 60 + 6 = 66$$
$$50 \quad 16$$

Ahora lo haces tú

49 + 48 = 40 + 9

40 + 8

40 + 40 + 9 + 8 = ____ + 17 = 90 + ____ = ____

28 + 67 = ____ + ____

____ + ____

____ + ____ + ____ + ____ = ____ + ____ = ____ + ____ = ____

73 + 26 = ____ + ____

____ + ____

____ + ____ + ____ + ____ = ____ + ____ = ____ + ____ = ____

Una nueva suma. Presta atención

87 + 37 = 80 + 7
30 + 7
80 + 30 + 14
110 + 10 + 4 = 120 + 4 = 124

65 + 77 = 60 + 5
70 + 7
60 + 70 + 12
130 + 10 + 2 = 140 + 2 = 142

Ahora lo haces tú

75 + 46 = 70 + 5
40 + 6
70 + 40 + 11
___ + ___ + ___ = ___ + ___ = ___

83 + 49 = ___ + ___
___ + ___
___ + ___ + ___
___ + ___ + ___ = ___ + ___ = ___

58 + 45 = ___ + ___
___ + ___
___ + ___ + ___
___ + ___ + ___ = ___ + ___ = ___

Haz estas sumas

	54 + 29	19 + 49	35 + 38	47 + 9	8 + 18
17 + 68	7 + 47	6 + 56	62 + 19	85 + 9	
	58 + 49	63 + 89	79 + 45	68 + 69	95 + 45
93 + 89	19 + 98	28 + 89	56 + 48	59 + 67	

45 + 67 = ______
82 + 29 = ______
66 + 45 = ______
83 + 89 = ______
77 + 55 = ______
83 + 65 = ______
56 + 78 = ______

67 + 85 = ______
78 + 68 = ______
29 + 99 = ______
36 + 86 = ______
47 + 64 = ______
39 + 67 = ______
56 + 49 = ______

72 + 79 = ______
85 + 86 = ______
57 + 64 = ______
49 + 62 = ______
36 + 87 = ______
68 + 67 = ______
34 + 87 = ______

Coloca los sumandos y haz las sumas como en el ejemplo

70 + 58 = 128

Centenas	Decenas	Unidades
	7	0
+	5	8
1	2	8

90 + 63 = 153

Centenas	Decenas	Unidades
	9	0
+	6	3
1	5	3

50 + 89 = ...

C	D	U
+		

60 + 66 = ...

C	D	U
+		

80 + 75 = ...

C	D	U
+		

60 + 80 = ...

C	D	U
+		

83 + 45 = ...

C	D	U
+		

64 + 65 = ...

C	D	U
+		

78 + 51 = ...

C	D	U
+		

27 + 92 = ...

C	D	U
+		

35 + 84 = ...

C	D	U
+		

37 + 47 = ______

	C	D	U
+			

29 + 48 = ______

	C	D	U
+			

57 + 39 = ______

	C	D	U
+			

68 + 25 = ______

	C	D	U
+			

77 + 17 = ______

	C	D	U
+			

49 + 36 = ______

	C	D	U
+			

37 + 86 = ______

	C	D	U
+			

97 + 65 = ______

	C	D	U
+			

79 + 83 = ______

	C	D	U
+			

45 + 67 = ______

	C	D	U
+			

56 + 68 = ______

	C	D	U
+			

64 + 78 = ______

	C	D	U
+			

Hacemos problemas

1 En un campo hay 45 almendros y 67 ciruelos. ¿Cuántos árboles hay en total?

Escribe aquí el resultado

R = ...

árboles

2 Un tren lleva 64 viajeros en un vagón y 70 en otro. ¿Cuántos viajeros lleva en total?

Escribe aquí el resultado

R = ...

viajeros

3 En una excursión participan 59 chicos y 110 chicas. ¿Cuántos participan en total?

Escribe aquí el resultado

R = ...

participantes

4 Un tren de mercancías lleva 44 caballos y 65 yeguas. ¿Cuántos animales lleva?

Escribe aquí el resultado

R = ...

animales

5 En un estanque hay 125 patos y 48 ocas. ¿Cuántos hay en total?

R = ______

animales

6 En una ciudad hay dos equipos. Uno tiene 24 jugadores, y otro tiene 23. ¿Cuántos jugadores tienen entre los dos equipos?

R = ______

jugadores

7 Una carpeta tiene 125 folios. Le añadimos 215 folios. ¿Cuántos folios tiene ahora la carpeta?

R = ______

folios

8 Luis tenía 225 cromos. Gana a Pedro 45. ¿Cuántos cromos tiene ahora?

R = ______

cromos

9 Tengo una colección de 64 mariposas. Me han regalado 23 nuevas. ¿Cuántas tengo en total?

R = ______ mariposas

10 Un tren llevaba 130 pasajeros. En distintas paradas suben 127 viejeros más. ¿Cuántos viajeros lleva el tren?

R = ______ viajeros

11 Un equipo de baloncesto marcó 47 puntos en el primer tiempo, y 34 puntos en el segundo tiempo. ¿Cuántos puntos marcó en total?

R = ______ puntos

12 Un ciclista recorre 167 kilómetros en un día, y 147 kilómetros al día siguiente. ¿Cuántos kilómetros ha recorrido en los dos días?

R = ______ kilómetros

Fíjate bien en esto

11 menos 3 igual a 8

$$\begin{array}{r} 11 \\ -\;\;3 \\ \hline 8 \end{array}$$

11 ➡ se llama minuendo

3 ➡ se llama sustraendo

8 ➡ se llama resta o diferencia

Coloca el minuendo y el sustraendo y calcula la resta o diferencia

12−6

$$\begin{array}{r} 12 \\ -\;\;6 \\ \hline \end{array}$$

10−7

11−8

14−9

15−7

12−8

18−9

16−7

13−6

Haz estas restas

10 − 1 = ...
10 − 2 = ...
10 − 3 = ...
10 − 4 = ...
10 − 5 = ...
10 − 6 = ...
10 − 7 = ...
10 − 8 = ...
10 − 9 = ...

15 − 6 = ...
15 − 7 = ...
15 − 8 = ...
15 − 9 = ...
16 − 7 = ...

16 − 8 = ...
16 − 9 = ...
17 − 8 = ...
17 − 9 = ...
18 − 9 = ...

14 − 5 = ...
14 − 6 = ...
14 − 7 = ...
14 − 8 = ...
14 − 9 = ...

13 − 4 = ...
13 − 5 = ...
13 − 6 = ...
13 − 7 = ...
13 − 8 = ...
13 − 9 = ...

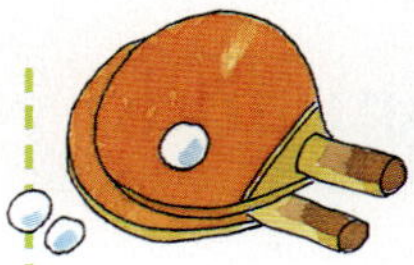

12 − 3 = ...
12 − 4 = ...
12 − 5 = ...
12 − 6 = ...
12 − 7 = ...
12 − 8 = ...
12 − 9 = ...

11 − 2 = ...
11 − 3 = ...
11 − 4 = ...
11 − 5 = ...
11 − 6 = ...
11 − 7 = ...
11 − 8 = ...
11 − 9 = ...

Coloca el **minuendo** y el **sustraendo** y calcula la **resta** o **diferencia**

15 – 9 = 6

Decenas	Unidades
1	5
–	9
	6

16 – 7 = ...

Decenas	Unidades
–	

17 – 9 = ...

Decenas	Unidades
–	

16 – 8 = ...

Decenas	Unidades
–	

15 – 7 = ...

Decenas	Unidades
–	

11 – 6 = ...

Decenas	Unidades
–	

12 – 9 = ...

Decenas	Unidades
–	

14 – 7 = ...

Decenas	Unidades
–	

10 – 8 = ...

Decenas	Unidades
–	

18 – 9 = ...

Decenas	Unidades
–	

10 – 7 = ...

Decenas	Unidades
–	

13 – 8 = ...

Decenas	Unidades
–	

Haz estas restas

15 − 7 = ...	11 − 3 = ...	10 − 6 = ...
17 − 8 = ...	12 − 7 = ...	14 − 7 = ...
16 − 9 = ...	13 − 9 = ...	12 − 8 = ...
13 − 6 = ...	14 − 9 = ...	11 − 6 = ...
15 − 8 = ...	11 − 2 = ...	12 − 5 = ...
16 − 7 = ...	13 − 5 = ...	13 − 4 = ...
17 − 9 = ...	14 − 6 = ...	15 − 6 = ...
10 − 8 = ...	15 − 9 = ...	18 − 9 = ...

10 − 4 = ...

17 − 9 = ...

16 − 8 = ...

15 − 8 = ...

$$\begin{array}{r} 10 \\ -\ 1 \\ \hline \dots \end{array} \quad \begin{array}{r} 10 \\ -\ 8 \\ \hline \dots \end{array} \quad \begin{array}{r} 10 \\ -\ 7 \\ \hline \dots \end{array}$$

$$\begin{array}{r} 10 \\ -\ 2 \\ \hline \dots \end{array} \quad \begin{array}{r} 10 \\ -\ 9 \\ \hline \dots \end{array} \quad \begin{array}{r} 10 \\ -\ 3 \\ \hline \dots \end{array}$$

$$\begin{array}{r} 11 \\ -\ 9 \\ \hline \dots \end{array} \quad \begin{array}{r} 12 \\ -\ 9 \\ \hline \dots \end{array} \quad \begin{array}{r} 14 \\ -\ 9 \\ \hline \dots \end{array} \quad \begin{array}{r} 13 \\ -\ 9 \\ \hline \dots \end{array} \quad \begin{array}{r} 17 \\ -\ 9 \\ \hline \dots \end{array} \quad \begin{array}{r} 18 \\ -\ 9 \\ \hline \dots \end{array}$$

Haz estas restas

15	15	15	16
− 9	− 8	− 6	− 7

16	15	17	16	12	12	13
− 8	− 7	− 8	− 9	− 4	− 5	− 8

13	12	10	10	12	13	14
− 7	− 6	− 5	− 6	− 3	− 5	− 7

23	35	43	61	74	36	48
− 8	− 7	− 8	− 5	− 5	− 7	− 9

77	26	24	54	41	71	71
− 8	− 8	− 7	− 6	− 5	− 5	− 6

81	92	27	81	42
− 7	− 5	− 8	− 6	− 7

23 − 9 = ...

22 − 6 = ...

27 − 8 = ...

26 − 7 = ...

32 − 6 = ...

34 − 7 = ...

35 − 8 = ...

36 − 8 = ...

45 − 6 = ...

47 − 8 = ...

51 − 3 = ...

54 − 6 = ...

63 − 9 = ...

73 − 9 = ...

83 − 9 = ...

93 − 9 = ...

55 − 6 = ...

65 − 6 = ...

75 − 6 = ...

85 − 6 = ...

63 − 6 = ...

74 − 7 = ...

65 − 9 = ...

82 − 6 = ...

64 − 8 = ...

74 − 8 = ...

84 − 8 = ...

94 − 8 = ...

67 − 8 = ...

42 − 7 = ...

96 − 8 = ...

53 − 6 = ...

66 − 7 = ...

75 − 7 = ...

85 − 7 = ...

95 − 7 = ...

28 − 9 = ...

72 − 5 = ...

36 − 7 = ...

64 − 5 = ...

13 En una caja hay 47 pelotas. Se sacan 8 pelotas. ¿Cuántas pelotas quedan?

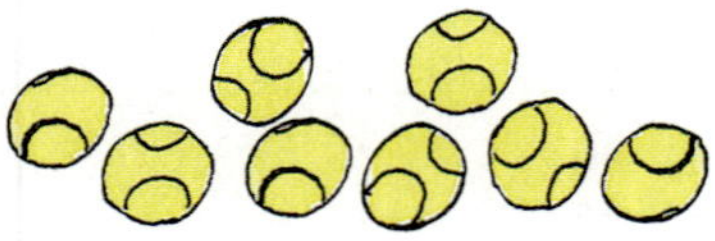

R = ______ pelotas

14 En un tiovivo están montados 27 niños y niñas. Se bajan 9. ¿Cuántos siguen montados?

R = ______ niños y niñas

15 Marta tenía 26 pegatinas. Regala 7 a un amigo. ¿Cuántas pegatinas tiene ahora?

R = ______ pegatinas

16 Jesús tenía 45 canicas. Juega con Pablo y pierde 9. ¿Cuántas canicas le quedan?

R = ______ canicas

17 Luisa tenía 33 cromos y ha perdido 8. ¿Cuántos cromos le quedan?

R = ...

cromos

18 En un tranvía van 26 viajeros. En una parada se bajan 7. ¿Cuántos viajeros siguen en el tranvía?

R = ...

viajeros

19 Loli tenía una colección de 54 minerales. Regala 9 a un amigo. ¿Cuántos minerales le quedan?

R = ...

minerales

20 En mi clase somos 31 alumnos y alumnas. Hoy han faltado 6 por estar enfermos y enfermas. ¿Cuántos alumnos y alumnas asistimos hoy?

R = ... alumnos y alumnas

21 En la pajarera del parque había 63 canarios. Se han escapado 7. ¿Cuántos canarios quedan?

R = ...

canarios

22 El equipo de fútbol de mi colegio tiene 24 jugadores. Se han lesionado 5. ¿Cuántos pueden jugar?

R = ...

jugadores

23 En un estanque del parque había 78 peces. Se mueren 9. ¿Cuántos peces quedan?

R = ...

peces

24 María tenía 84 monedas de cinco céntimos de euro. Se gasta 8 monedas. ¿Cuántas monedas de cinco céntimos de euro le quedan?

R = ...

monedas

Aprende un problema nuevo

25 Carlos tiene 7 años. Ernesto tiene 2 años más que él. ¿Cuántos años tiene Ernesto?

$$\begin{array}{r} 7 \\ +\ 2 \\ \hline 9 \end{array}$$

R = Ernesto tiene 9 años

Ahora, resuelve tú estos problemas

26 Juan tiene 5 canicas y Luis tiene 3 canicas más que Juan. ¿Cuántas canicas tiene Luis?

R = ______ canicas

27 Un chupa-chups cuesta 50 céntimos de euro. Una piruleta cuesta 7 céntimos de euro más que un chupa-chups. ¿Cuánto cuesta una piruleta?

R = ______

28 Pedro tiene 6 años. Su hermano Alfredo es 3 años mayor. ¿Cuántos años tiene Alfredo?

R = ______

29 En mi colegio hay 16 aulas. En el colegio de mi primo hay 4 aulas más. ¿Cuántas aulas hay en el colegio de mi primo?

R = ______

Coloca los sumandos de estas sumas

125+19+63= 207

Centenas	Decenas	Unidades
1	2	5
	1	9
+	6	3
2	0	7

67+135+92= ....

Centenas	Decenas	Unidades
+		

254+315+40= ....

Centenas	Decenas	Unidades
+		

623+51+137= ....

Centenas	Decenas	Unidades
+		

65+890+9= ....

Centenas	Decenas	Unidades
+		

16+340+150= ....

Centenas	Decenas	Unidades
+		

64+12+325= ....

Centenas	Decenas	Unidades
+		

8+68+345= ....

Centenas	Decenas	Unidades
+		

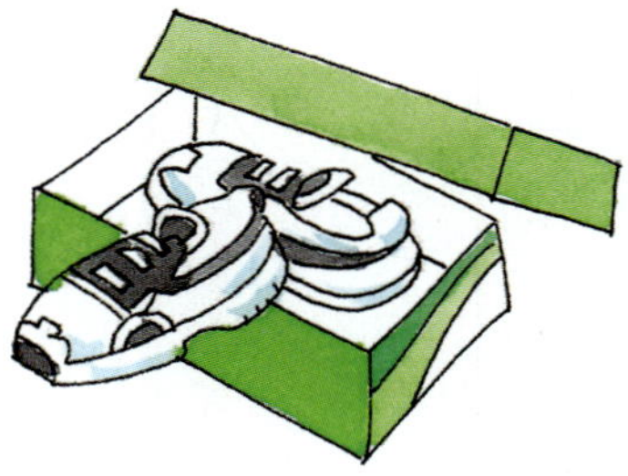

17+147+261= ....

Centenas	Decenas	Unidades
+		

312 + 9 + 16 = ...

Centenas	Decenas	Unidades
+		

420 + 105 + 43 = ...

Centenas	Decenas	Unidades
+		

82 + 94 + 125 = ...

Centenas	Decenas	Unidades
+		

1 + 111 + 11 = ...

Centenas	Decenas	Unidades
+		

10 + 100 + 1 = ...

Centenas	Decenas	Unidades
+		

124 + 235 + 107 = ...

Centenas	Decenas	Unidades
+		

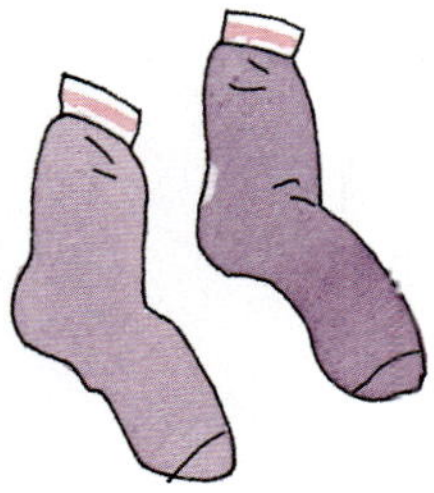

2 + 22 + 222 = ...

Centenas	Decenas	Unidades
+		

204 + 207 + 103 = ...

Centenas	Decenas	Unidades
+		

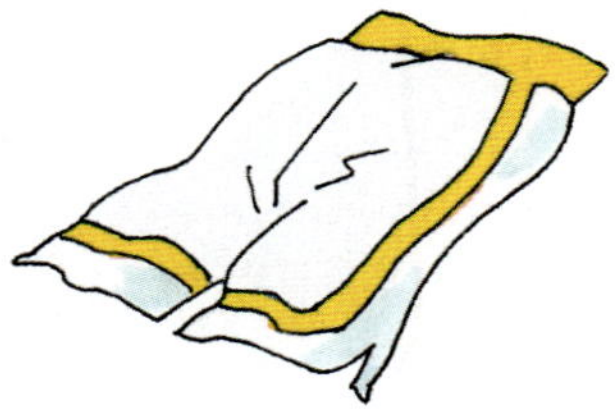

200 + 15 + 5 = ...

Centenas	Decenas	Unidades
+		

Cálculo mental. Realiza estas operaciones y escribe el resultado

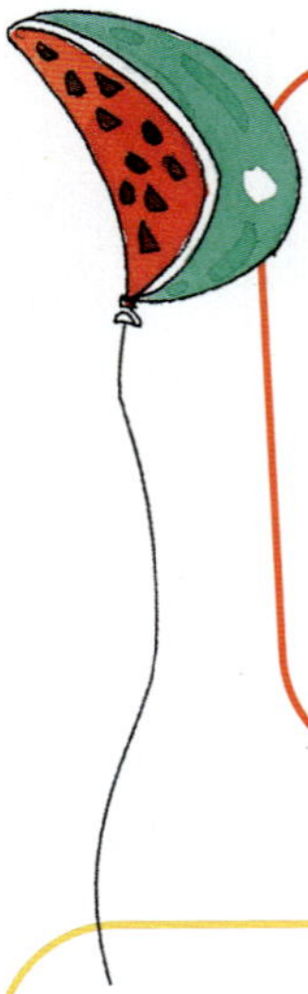

$40 + 10 =$ ....

$60 + 10 =$ ....

$80 + 10 =$ ....

$30 + 20 =$ ....

$50 + 20 =$ ....

$70 + 20 =$ ....

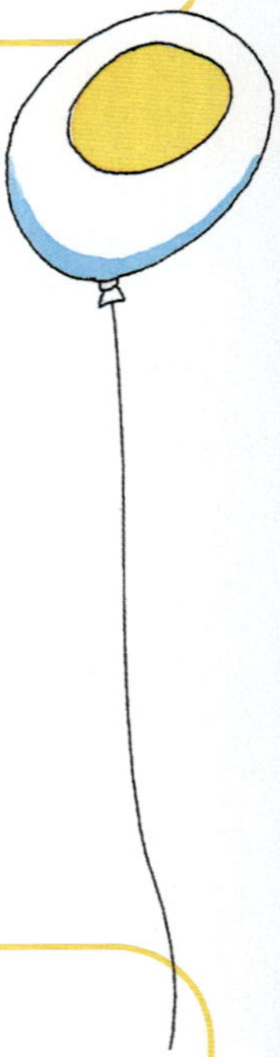

$30 + 30 =$ ....

$60 + 30 =$ ....

$40 + 30 =$ ....

$20 + 20 =$ ....

$10 + 20 =$ ....

$60 + 20 =$ ....

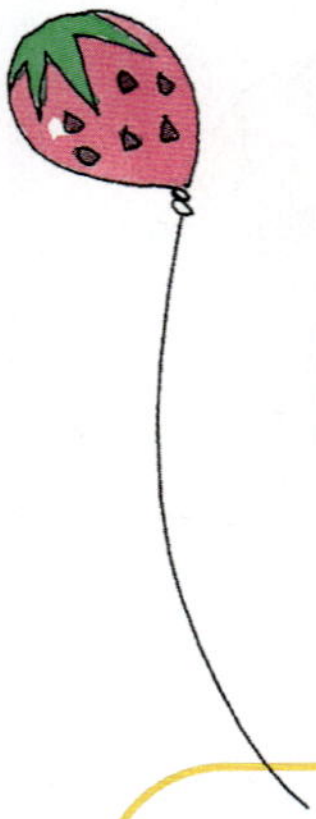

$35 + 10 =$ ....

$54 + 10 =$ ....

$73 + 10 =$ ....

$22 + 20 =$ ....

$44 + 20 =$ ....

$65 + 20 =$ ....

$71 + 10 =$ ....

$62 + 30 =$ ....

$54 + 30 =$ ....

$17 + 40 =$ ....

$31 + 50 =$ ....

$37 + 30 =$ ....

200 + 100 = ...

300 + 100 = ...

600 + 100 = ...

300 + 300 = ...

400 + 400 = ...

200 + 200 = ...

24 + 8 = ...

34 + 8 = ...

17 + 9 = ...

27 + 9 = ...

37 + 9 = ...

14 + 8 = ...

25 + 7 = ...

35 + 7 = ...

16 + 5 = ...

26 + 5 = ...

36 + 5 = ...

15 + 7 = ...

400 + 200 = ...

600 + 200 = ...

700 + 200 = ...

100 + 700 = ...

200 + 300 = ...

400 + 500 = ...

32+6= ....
22+6= ....
12+6= ....

43+4= ....
23+4= ....
13+4= ....

16−7= ....
16−9= ....
16−8= ....

10−1= ....
10−3= ....
10−5= ....

25−9= ....
35−9= ....
45−9= ....

13−4= ....
13−5= ....
13−7= ....

15−7= ....
25−7= ....
35−7= ....

12−1= ....
12−3= ....
12−5= ....

15−6= ....
25−6= ....
35−6= ....

25−8= ....
35−8= ....
45−8= ....

Repasamos los problemas que hemos aprendido

30 En mi colegio hay 25 profesoras y 23 profesores. ¿Cuántos profesores y profesoras hay en total?

R = ... profesores y profesoras

31 En mi bloque hay 5 plantas. El bloque de enfrente tiene 4 plantas más. ¿Cuántas plantas tiene el bloque de enfrente?

R = ... plantas

32 En mi bloque hay 20 vecinos. El bloque de enfrente tiene 12 vecinos más que el mío. ¿Cuántos vecinos tiene el bloque de enfrente?

R = ... vecinos

33 Un libro tiene 500 páginas. Otro tiene 475 páginas. ¿Cuántas páginas tienen entre los dos?

R = ... páginas

34 En un juego electrónico Juan ha obtenido 275 puntos. Su hermana ha obtenido 500 puntos más. ¿Cuántos puntos ha obtenido su hermana?

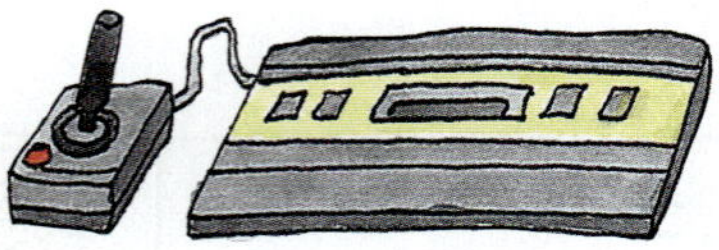

R = ...
puntos

35 En una carrera había 85 coches. Se han averiado 27 coches. ¿Cuántos coches han quedado en carrera?

R = ...
coches

36 Blas tiene 5 juguetes y su prima María tiene 3 juguetes más que él. ¿Cuántos juguetes tiene su prima María?

R = ...
juguetes

37 Tenía 890 folios y gasté 575. ¿Cuántos folios me quedan?

R = ...
folios

38 En una excursión participan 175 alumnos y alumnas y 42 padres y madres. ¿Cuántas personas participan en total en la excursión?

R = ...
personas

39 En una pajarería había 72 pájaros. Vendieron 7. ¿Cuántos pájaros quedan?

R = ...
pájaros

40 Pilar tiene 7 pegatinas y Luisa tiene 5 pegatinas más que Pilar. ¿Cuántas pegatinas tiene Luisa?

R = ...
pegatinas

41 En el rally París-Dakar participan 65 coches y 145 motos. ¿Cuántos vehículos participan en total?

R = ...
vehículos

Haz estas operaciones

$23 - 8$	$43 - 8$	$73 - 8$	$48 - 9$	$53 - 8$	$75 - 7$
$93 - 8$	$24 - 9$	$94 - 9$	$46 - 7$	$54 - 9$	$93 - 7$
$44 - 9$	$61 - 7$	$51 - 7$	$67 - 9$	$91 - 7$	$72 - 4$
$21 - 7$	$77 - 9$	$57 - 9$	$91 - 5$	$81 - 5$	$47 - 9$
$41 - 5$	$92 - 4$	$82 - 4$	$34 - 9$	$87 - 9$	$61 - 5$

$84 - 9$

$63 - 8$

$81 - 7$

$71 - 5$

$37 - 9$

$22 - 4$

$52 - 4$

$31 - 5$

$62 - 4$

$84 - 7$

$56 + 83$

$45 + 94$

$80 + 99$

$76 + 95$

$46 + 88$

$77 + 88$

$66 + 55$

$44 + 99$

$33 + 88$

$22 + 99$

$39 + 93$

$56 + 65$

$78 + 87$

$93 + 39$

$29 + 92$

$73 + 49$

$37 + 94$

$85 + 96$

$39 + 88$

$67 + 99$

93	16	42	20	67
+85	+93	+95	+99	+89

65	54	52	41	99
+59	+93	+89	+99	+85

49	78	59	18	25
+89	+78	+63	+99	+75

49	66	64	63	17
+98	+95	+96	+47	+83

Para sumar más fácilmente. Fíjate bien

$$14 + 18 + 6 = \underbrace{14 + 6}_{20} + 18 = 20 + 18 = 38$$

$$23 + 25 + 7 = \underbrace{23 + 7}_{30} + 25 = 30 + 25 = 55$$

Ahora lo harás tú

42 + 19 + 8 = 42 + ____ + ____ = ____ + ____ = 69

35 + 22 + 5 = 35 + ____ + ____ = ____ + ____ = 62

57 + 14 + 3 = 57 + ____ + ____ = ____ + ____ = ____

84 + 24 + 6 = ____ + ____ + ____ = ____ + ____ = ____

75 + 36 + 5 = ____ + ____ + ____ = ____ + ____ = ____

46 + 28 + 4 = ____ + ____ + ____ = ____ + ____ = ____

37 + 24 + 3 = ... + ... + ... = ... + ... = ...

21 + 27 + 9 = ... + ... + ... = ... + ... = ...

54 + 42 + 6 = ... + ... + ... = ... + ... = ...

72 + 17 + 8 = ... + ... + ... = ... + ... = ...

53 + 24 + 7 = ... + ... + ... = ... + ... = ...

Mira este ejemplo

$37 + 24 + 13 = 37 + 13 + 24 = 50 + 24 = 74$

$\underline{37 + 13} = 50$

$42 + 35 + 18 = 42 + 18 + 35 = 60 + 35 = 95$

$\underline{42 + 18} = 60$

Ahora lo haces tú

29 + 15 + 11 = ... + ... + ... = ... + ... = ...

35 + 43 + 15 = ... + ... + ... = ... + ... = ...

26 + 32 + 14 = ... + ... + ... = ... + ... = ...

44 + 39 + 16 = ... + ... + ... = ... + ... = ...

28 + 33 + 12 = ______ + ______ + ______ = ______ + ______ = ______

12 + 16 + 68 = ______ + ______ + ______ = ______ + ______ = ______

46 + 21 + 14 = ______ + ______ + ______ = ______ + ______ = ______

51 + 21 + 19 = ______ + ______ + ______ = ______ + ______ = ______

33 + 51 + 17 = ______ + ______ + ______ = ______ + ______ = ______

22 + 19 + 28 = ______ + ______ + ______ = ______ + ______ = ______

24 + 62 + 16 = ______ + ______ + ______ = ______ + ______ = ______

43 + 15 + 17 = ______ + ______ + ______ = ______ + ______ = ______

17 + 31 + 23 = ______ + ______ + ______ = ______ + ______ = ______

Otra manera más fácil de sumar. Fíjate bien

27 + 48
20 + 7 + 40 + 8
(20 + 40) + (7 + 8)
60 + 15
75

33 + 49
30 + 3 + 40 + 9
(30 + 40) + (3 + 9)
70 + 12
82

Ahora lo haces tú

45 + 16

66 + 55

76 + 23

57 + 38

47 + 22

67 + 45

37 + 46

82 + 27

36 + 74

59 + 95

84 + 76

47 + 74

Sumamos y restamos centenas

100+100=	200+100=	300−200= ......
400+200=	500+200=	600−400= ......
500+400=	300+200=	800−500= ......
700+200=	400+300=	900−600= ......

Vamos a descomponer centenas. Mira este ejercicio

400=100+100+100+100

400=200+100+100

400=300+100

400=200+200

Rellena los espacios en blanco

300=100+100+100

300=200+ ......

300= ...... +200

600=200+200+200	500=100+100+100+200
600=500+100	500=300+ ...... + ...
600= ...... +300	500= ...... +400
600=300+ ...... + ...	500=200+ ...... + ...
600= ...... +400	

Rellena los espacios en blanco

800 = 700 + 100

800 = 600 + 100 + ...

800 = 500 + ... + ...

800 = 400 + ...

800 = 300 + ...

800 = 200 + ...

800 = 100 + ...

900 = 100 + 800

900 = 500 + ... + ... + ... + ...

900 = 200 + ... + ... + ... + ... + ... + ...

900 = ... + ... + ... + ... + ... + ... + ... + ...

900 = ... + ... + ...

900 = ... + ... + ... + ... + ...

700 = ... + ...

700 = ... + ... + ... + ... + ... + ... + ...

700 = ... + ... + ... + ... + ...

700 = ... + ... + ...

600 = ... + ...

600 = ... + ... + ... + ... + ... + ...

600 = ... + ... + ...

600 = ... + ... + ... + ...

Aprendemos a colocar los sumandos de la suma. Fíjate

634 + 72

Cent.	Dec.	Unid.
6	3	4

\+

Dec.	Unid.
7	2

	Cent.	Dec.	Unid.
	6	3	4
+		7	2
	7	0	6

Realiza estas sumas

Cent.	Dec.	Unid.
2	5	6

\+

Cent.	Dec.	Unid.
1	4	4

\+

Unid.
8

	Cent.	Dec.	Unid.
	2	5	6
	1	4	4
+			8

Dec.	Unid.
4	3

\+

Dec.	Unid.
5	4

\+

Unid.
9

	Dec.	Unid.
	4	3
	5	4
+		9

Cent.	Dec.	Unid.
1	9	4

\+

Dec.	Unid.
6	9

\+

Cent.	Dec.	Unid.
5	1	1

	Cent.	Dec.	Unid.
	1	9	4
		6	9
+	5	1	1

Cent.	Dec.	Unid.
3	8	2

\+

Cent.	Dec.	Unid.
1	1	6

\+

Unid.
7

	Cent.	Dec.	Unid.
	3	8	2
	1	1	6
+			7

Coloca tú los sumandos y haz las sumas

Cent.	Dec.	Unid.		Dec.	Unid.
2	2	4	+	6	8

Cent.	Dec.	Unid.
+		

Cent.	Dec.	Unid.		Unid.
7	2	8	+	9

Cent.	Dec.	Unid.
+		

Dec.	Unid.		Cent.	Dec.	Unid.		Unid.
5	6	+	1	1	2	+	6

Cent.	Dec.	Unid.
+		

Dec.	Unid.		Dec.	Unid.		Unid.		Unid.
2	4	+	7	8	+	9	+	8

Dec.	Unid.
+	

Dec.	Unid.		Cent.	Dec.	Unid.		Unid.
4	3	+	6	6	5	+	5

Cent.	Dec.	Unid.
+		

Fíjate en este ejercicio

	C	D	U
	3	2	4
+		6	9
	3	9	3

= (C D U) 3 2 4 + (D U) 6 9 = (C D U) 3 9 3

Ahora lo harás tú

	C	D	U
	5	9	2
		8	4
+		5	2
	7	2	8

= (C D U) ___ + (D U) ___ + (D U) ___ = (C D U) ___

	D	U
	6	3
	2	2
+		9

= (D U) ___ + (D U) ___ + (U) ___ = (D U) ___

	C	D	U
	6	7	5
		9	6
+		4	3

= (C D U) ___ + (D U) ___ + (D U) ___ = (C D U) ___

	C	D	U
	1	4	8
+		3	4

= (C D U: 1 4 8) + (D U: 3 4) = (C D U: ___)

	C	D	U
			7
	5	1	2
+		6	4

= (U: 7) + (C D U: 5 1 2) + (D U: 6 4) = (C D U: ___)

	C	D	U
	2	0	4
	1	6	4
+	3	4	8

= (C D U: ___) + (C D U: ___) + (C D U: ___) = (C D U: ___)

	C	D	U
	3	2	9
	4	0	3
+	2	6	7

= (C D U: ___) + (C D U: ___) + (C D U: ___) = (C D U: ___)

 Repasamos problemas

42 Un patín recorre 450 metros un día; otro día recorre 150 metros. ¿Cuántos metros ha recorrido en los dos días?

R = ...
metros

43 Pablo tiene 84 euros. Se gasta 62 euros ¿Cuántos euros le quedan?

R = ...
euros (€)

44 Luis tiene en la hucha 58 euros. Después mete 25 euros. ¿Cuánto dinero tiene ahora?

R = ...
euros (€)

45 En una caja hay 230 bolas. En otra hay 189. En otra hay 65. ¿Cuántas bolas hay en total en las tres cajas?

R = ...
bolas

46 María tiene 69 euros y su hermano, 56 euros. ¿Cuánto dinero tienen entre los dos?

R = ...

euros (€)

47 Me compro un chupa-chups por 25 céntimos de euro, unos caramelos que me cuestan 50 céntimos de euro, y un chicle que me cuesta 10 céntimos de euro. ¿Cuánto dinero me ha costado todo?

R = ...

céntimos de euro (€)

48 Mi madre tiene 144 euros. Su hermana le da 50 euros. ¿Cuánto dinero tiene ahora mi madre?

R = ...

euros (€)

49 Un depósito lleno tiene 354 litros. Sacan 189 litros. ¿Cuántos litros quedan en el depósito?

R = ...

litros

Cálculo mental. Escribe los resultados

13 + 7 = ...
28 + 2 = ...
44 + 6 = ...

15 + 5 = ...
45 + 5 = ...
50 + 10 = ...

19 + 1 = ...
61 + 9 = ...
81 + 9 = ...

22 + 8 = ...
73 + 7 = ...
64 + 6 = ...

13 + 17 = ...
28 + 12 = ...
44 + 16 = ...

15 + 15 = ...
45 + 15 = ...
50 + 20 = ...

19 + 11 = ...
61 + 19 = ...
81 + 19 = ...

22 + 18 = ...
73 + 17 = ...
64 + 16 = ...

13 + 8 = ...
28 + 3 = ...
44 + 7 = ...

15 + 6 = ...
45 + 6 = ...
50 + 11 = ...

19 + 2 = ...
61 + 10 = ...
81 + 10 = ...

22 + 9 = ...
73 + 8 = ...
64 + 7 = ...

Cálculo mental. Completa lo que falta

13 + ... = 22
28 + ... = 32
44 + ... = 52

15 + ... = 22
45 + ... = 52
50 + ... = 62

19 + ... = 22
61 + ... = 72
81 + ... = 92

22 + ... = 32
73 + ... = 82
64 + ... = 72

6 + 8 + 9 = ...
.... + 4 + 7 = 16
7 + ... + 6 = 18

7 + 1 + 8 = ...
.... + 8 + 2 = 17
4 + ... + 6 = 19

5 + 9 + 9 = ...
.... + 3 + 6 = 17
2 + ... + 8 = 12

5 + 2 + ... = 8
9 + 8 + ... = 19
9 + 1 + ... = 19

6 + 6 + ... = 16
7 + 1 + ... = 11
2 + 4 + ... = 14

2 + 8 + ... = 17
5 + 6 + ... = 17
3 + 2 + ... = 10

Resta con llevada. Escribe el resultado

10 − 1 = ...
10 − 6 = ...
10 − 4 = ...
10 − 9 = ...
10 − 7 = ...
10 − 8 = ...
10 − 2 = ...
10 − 5 = ...
10 − 3 = ...
10 − 0 = ...

11 − 2 = ...
11 − 0 = ...
11 − 5 = ...
11 − 3 = ...
11 − 8 = ...
11 − 6 = ...
11 − 4 = ...
11 − 9 = ...
11 − 7 = ...
11 − 1 = ...

12 − 2 = ...
12 − 0 = ...
12 − 5 = ...
12 − 3 = ...
12 − 8 = ...
12 − 6 = ...
12 − 4 = ...
12 − 9 = ...
12 − 7 = ...
12 − 1 = ...

13 − 0 = ...
13 − 1 = ...
13 − 2 = ...
13 − 3 = ...
13 − 4 = ...
13 − 5 = ...
13 − 6 = ...
13 − 7 = ...
13 − 8 = ...
13 − 9 = ...

14 − 7 = ...
14 − 2 = ...
14 − 4 = ...
14 − 9 = ...
14 − 1 = ...
14 − 6 = ...
14 − 8 = ...
14 − 3 = ...
14 − 5 = ...
14 − 0 = ...

15 – 4 = ...	16 – 5 = ...	17 – 1 = ...
15 – 9 = ...	16 – 0 = ...	17 – 6 = ...
15 – 0 = ...	16 – 2 = ...	17 – 0 = ...
15 – 6 = ...	16 – 7 = ...	17 – 5 = ...
15 – 7 = ...	16 – 9 = ...	17 – 9 = ...
15 – 3 = ...	16 – 4 = ...	17 – 4 = ...
15 – 5 = ...	16 – 6 = ...	17 – 8 = ...
15 – 1 = ...	16 – 1 = ...	17 – 3 = ...
15 – 2 = ...	16 – 3 = ...	17 – 7 = ...
15 – 8 = ...	16 – 8 = ...	17 – 2 = ...

18 – 4 = ...	19 – 1 = ...
18 – 9 = ...	19 – 6 = ...
18 – 7 = ...	19 – 8 = ...
18 – 2 = ...	19 – 3 = ...
18 – 0 = ...	19 – 5 = ...
18 – 5 = ...	19 – 0 = ...
18 – 3 = ...	19 – 2 = ...
18 – 8 = ...	19 – 7 = ...
18 – 6 = ...	19 – 9 = ...
18 – 1 = ...	19 – 4 = ...

Repasamos problemas ¿Sabes hacer este problema?

50 Irene tiene 3 caramelos. Ana tiene 2 caramelos más que Irene. ¿Cuántos caramelos tiene Ana?

$$\begin{array}{r} 3 \\ +\,2 \\ \hline 5 \end{array}$$

Resultado: Ana tiene 5 caramelos

51 Reme tiene 2 hermanos y Vanesa tiene 3 hermanos más que Reme. ¿Cuántos hermanos tiene Vanesa?

Resultado: Vanesa tiene .... hermanos

52 Tengo 4 euros y Alberto tiene 3 euros más que yo. ¿Cuántos euros tiene Alberto?

Resultado: Alberto tiene .... euros(€)

53 Beatriz tiene 2 muñecas y Ángela tiene 4 muñecas más que Beatriz. ¿Cuántas muñecas tiene Ángela?

Resultado: Ángela tiene .... muñecas

54 Adolfo tiene 22 caramelos. Ana tiene 13 caramelos más que Adolfo. ¿Cuántos caramelos tiene Ana?

Resultado: Ana tiene .... caramelos

55 Maite tiene 68 cromos y Carmen tiene 43 cromos más que Maite. ¿Cuántos cromos tiene Carmen?

Resultado: Carmen tiene .... cromos

56 Tengo 116 euros y Pedro tiene 64 euros más que yo. ¿Cuántos euros tiene Pedro?

Resultado: Pedro tiene .... euros(€)

57 Ester tiene 22 juguetes y Pilar tiene 17 juguetes más que Ester. ¿Cuántos juguetes tiene Pilar?

Resultado: Pilar tiene .... juguetes

58 Pepe ha dado 23 vueltas al parque con su bicicleta. María ha dado 15 vueltas más que Pepe. ¿Cuántas vueltas ha dado María al parque?

Resultado: María ha dado .... vueltas

59 Teresa tiene 8 años. Su padre tiene 37 años más que ella. ¿Cuántos años tiene el padre de Teresa?

Resultado: el padre de Teresa tiene .... años

60 Mi madre pesa 60 kilos y mi padre pesa 15 kilos más. ¿Cuántos kilos pesa mi padre?

Resultado: mi padre pesa .... kilos

61 Desde mi clase al patio de recreo hay 350 pasos. Desde otra clase al patio hay 50 pasos más. ¿Cuántos pasos hay desde la otra clase al patio?

Resultado: hay .... pasos

Vamos a descomponer centenas. Descomponemos 500

500 = 400 + 100
500 = 200 + 200 + 100
500 = 200 + 100 + 100 + 100
500 = 100 + 100 + 100 + 100 + 100

Ahora vas a descomponer tú estas centenas

600 = ... + ...
600 = ... + ... + ... + ... + ...
600 = ... + ... + ... + ...
600 = ... + ... + ...

800 = ... + ...
800 = ... + ... + ... + ...
800 = ... + ... + ...
800 = ... + ... + ... + ... + ...

900 = ... + ... + ... + ... + ... + ...
800 = ... + ... + ... + ... + ... + ...
700 = ... + ... + ... + ... + ... + ...

Descompón estas centenas

700 = ... + ...

700 = ... + ... + ...

700 = ... + ... + ... + ...

700 = ... + ... + ... + ... + ...

900 = ... + ... + ... + ... + ...

900 = ... + ... + ... + ...

900 = ... + ... + ...

900 = ... + ...

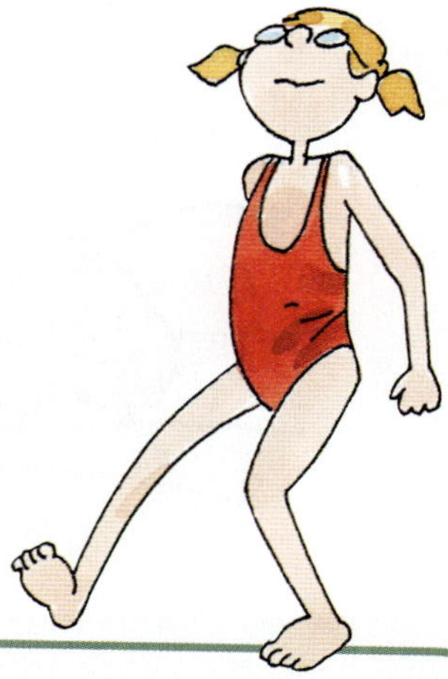

Cálculo mental. Escribe el resultado

200 + 100 + 100 = ...

300 + 500 + 100 = ...

100 + 100 + 700 = ...

600 + 100 + 100 = ...

600 + 200 + 100 = ...

500 + 200 + 100 = ...

500 + 100 + 300 = ...

100 + 800 + 100 = ...

400 + 200 + 100 = ...

100 + 400 + 300 = ...

200 + 300 + 400 = ...

300 + 200 + 100 = ...

400 + 400 + 100 = ...

200 + 200 + 200 = ...

300 + 400 + 200 = ...

300 + 400 + 100 = ...

Colocamos y realizamos sumas y restas. Fíjate en estos ejemplos

Cent.	Dec.	Unid.
7	5	4

\+

Dec.	Unid.
6	8

=

	Cent.	Dec.	Unid.
	7	5	4
+		6	8
	8	2	2

Cent.	Dec.	Unid.
6	8	4

–

Dec.	Unid.
7	2

=

	Cent.	Dec.	Unid.
	6	8	4
–		7	2
	6	1	2

Ahora lo harás tú

Cent.	Dec.	Unid.
5	6	9

\+

Cent.	Dec.	Unid.
2	7	4

\+

Dec.	Unid.
4	3

=

	Cent.	Dec.	Unid.
+			

Cent.	Dec.	Unid.
9	5	4

–

Cent.	Dec.	Unid.
4	1	3

=

	Cent.	Dec.	Unid.
–			

Colocamos y realizamos sumas y restas. Observa estos ejemplos

124 + 344 + 256

```
  124
  344
+ 256
-----
  724
```

848 − 717

```
  848
− 717
-----
  131
```

Ahora lo harás tú

628 + 236

146 + 87

196 − 4

784 − 72

848 − 17

858 + 9

7 + 28 + 69

468 + 43 + 84

63 + 84 + 84 + 7

52 + 64 + 62 + 5

634 + 146 + 9

Ahora lo hacemos al revés

$$\begin{array}{r} 634 \\ 128 \\ +\,139 \\ \hline 901 \end{array} \quad = \quad 634 + 128 + 139 = 901$$

$$\begin{array}{r} 894 \\ -\,163 \\ \hline 731 \end{array} \quad = \quad 894 - 163 = 731$$

Hazlo tú

$$\begin{array}{r} 222 \\ -\,111 \\ \hline \ldots \end{array} \quad = \quad \ldots - \ldots = \ldots$$

$$\begin{array}{r} 5 \\ 164 \\ +\;\;28 \\ \hline \ldots \end{array} \quad = \quad \ldots + \ldots + \ldots = \ldots$$

$$\begin{array}{r} 245 \\ 16 \\ +\,454 \\ \hline \ldots \end{array} \quad = \quad \ldots + \ldots + \ldots = \ldots$$

Continúa

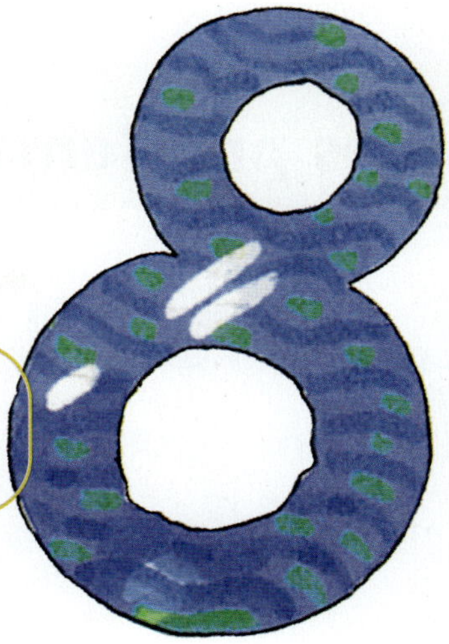

$$\begin{array}{r} 563 \\ -\ \ 21 \\ \hline \ldots\ldots \end{array}$$ = ... − .... = ...

$$\begin{array}{r} 521 \\ -\ 384 \\ \hline \ldots\ldots \end{array}$$ = ... − .... = ...

$$\begin{array}{r} 36 \\ 28 \\ +\ \ 74 \\ \hline \ldots\ldots \end{array}$$ = ... + ... + ... = ...

$$\begin{array}{r} 864 \\ -\ 512 \\ \hline \ldots\ldots \end{array}$$ = ... − .... = ...

$$\begin{array}{r} 232 \\ -\ 126 \\ \hline \ldots\ldots \end{array}$$ = ... − .... = ...

$$\begin{array}{r} 248 \\ 605 \\ +\ \ 67 \\ \hline \ldots\ldots \end{array}$$ = ... + ... + ... = ...

 Repasamos problemas

62 El Colegio "Castilla" tiene 350 alumnos y alumnas. El Colegio "Arco Iris" tiene 234 alumnos y alumnas más. ¿Cuántos alumnos y alumnas tiene el Colegio "Arco Iris"?

R= ______ alumnos y alumnas

63 En un autobús van 64 niños y niñas, y en otro van 58. ¿Cuántos niños y niñas van en total?

R= ______ niños y niñas

64 El autobús que lleva 64 niños y niñas se ha parado junto a un bar. Han bajado 38 para hacer pis. ¿Cuántos niños y niñas se han quedado en el autobús?

R= ______ niños y niñas

65 En una caja había 86 naranjas. Han puesto otras 225 naranjas. ¿Cuántas naranjas hay en total en la caja?

R= ______ naranjas

66 Mi amiga tenía 68 euros. Le regalaron 150 euros. ¿Cuánto dinero tiene mi amiga en total?

R = ...
euros (€)

67 De Cádiz a Madrid hay 658 kilómetros. Hemos recorrido en el coche 424 kilómetros. ¿Cuántos kilómetros nos faltan para llegar a Madrid?

R = ...
kilómetros

68 El edificio "Palmera" tiene 28 apartamentos. El edificio "Miramar" tiene 15 apartamentos más que el edificio "Palmera". ¿Cuántos apartamentos tiene el edificio "Miramar"?

R = ...
apartamentos

69 En un pequeño bosque hay 54 pinos, 38 encinas y 63 alcornoques. ¿Cuántos árboles hay en total?

R = ...
árboles

70 En un autobús viajan 34 personas. En una parada no se baja nadie y suben 17 personas. ¿Cuántas personas viajan ahora en el autobús?

R= ....

personas

71 En un pinar había 84 pinos. Han plantado 64 pinos más. ¿Cuántos pinos hay ahora en el pinar?

R= ....

pinos

72 En una parte de una biblioteca hay 125 libros. En otra parte hay 200 libros. En otra parte hay 125 libros. ¿Cuántos libros hay en la biblioteca?

R= ....

libros

73 Un frigorífico cuesta 315 euros. Una televisión cuesta 80 euros más. ¿Cuánto cuesta la televisión?

R= ....

euros (€)

Cálculo mental. Se ha caído un sumando. Ponlo tú

48 + __ __ = 69

151 + __ __ __ = 174

644 + __ __ __ = 689

41 + 103 + __ __ __ = 257

__ __ + 19 = 49

__ __ __ + 284 = 689

__ __ __ + 78 = 178

__ __ + 54 + 23 = 79

Pon los números que se han perdido

6 __ 4 + 22 __ = 856

__ 54 − 2 __ 2 = 222

19 __ − __ 72 = 124

50 __ + __ 03 + 1 __ 4 = 999

726 − 5 __ 9 = __ 1 __

6 __ 6 + 26 __ = __ 44

5 __ 2 − __ 57 = 27 __

2 __ 6 + 347 + __ 6 __ = 721

Escribe el resultado

4 + 7 = ...
14 + 7 = ...
24 + 7 = ...
34 + 7 = ...
44 + 7 = ...
54 + 7 = ...
64 + 7 = ...

74 + 7 = ...
84 + 7 = ...
94 + 7 = ...
104 + 7 = ...
114 + 7 = ...
124 + 7 = ...

134 + 7 = ...
144 + 7 = ...
154 + 7 = ...
164 + 7 = ...
174 + 7 = ...
184 + 7 = ...
194 + 7 = ...

9 + 6 = ...
9 + 16 = ...
9 + 26 = ...
9 + 36 = ...
9 + 46 = ...
9 + 56 = ...
9 + 66 = ...

9 + 76 = ...
9 + 86 = ...
9 + 96 = ...
9 + 106 = ...
9 + 116 = ...
9 + 126 = ...

9 + 136 = ...
9 + 146 = ...
9 + 156 = ...
9 + 166 = ...
9 + 176 = ...
9 + 186 = ...
9 + 196 = ...

Resta con llevada

23 − 5 = ____

23 − 8 = ____

24 − 9 = ____

24 − 6 = ____

24 − 8 = ____

25 − 6 = ____

26 − 7 = ____

27 − 8 = ____

27 − 9 = ____

28 − 9 = ____

30 − 12 = ____

30 − 14 = ____

30 − 16 = ____

30 − 18 = ____

30 − 11 = ____

31 − 9 = ____

31 − 15 = ____

31 − 13 = ____

31 − 17 = ____

31 − 18 = ____

32 − 15 = ____

32 − 18 = ____

32 − 17 = ____

32 − 19 = ____

32 − 13 = ____

33 − 18 = ____

33 − 15 = ____

33 − 19 = ____

34 − 18 = ____

34 − 16 = ____

30 − 17 = ...	31 − 14 = ...	33 − 16 = ...	35 − 18 = ...	39 − 11 = ...	51 − 16 = ...
30 − 13 = ...	31 − 12 = ...	33 − 14 = ...	36 − 8 = ...	40 − 12 = ...	52 − 15 = ...
30 − 15 = ...	32 − 16 = ...	34 − 19 = ...	37 − 9 = ...	41 − 15 = ...	53 − 18 = ...
30 − 19 = ...	32 − 14 = ...	34 − 17 = ...	37 − 8 = ...	43 − 16 = ...	54 − 16 = ...
31 − 16 = ...	33 − 17 = ...	34 − 15 = ...	38 − 9 = ...	45 − 17 = ...	56 − 19 = ...